大葉釣樟

青剛櫟

U0021721

倒地鈴

大花咸豐草

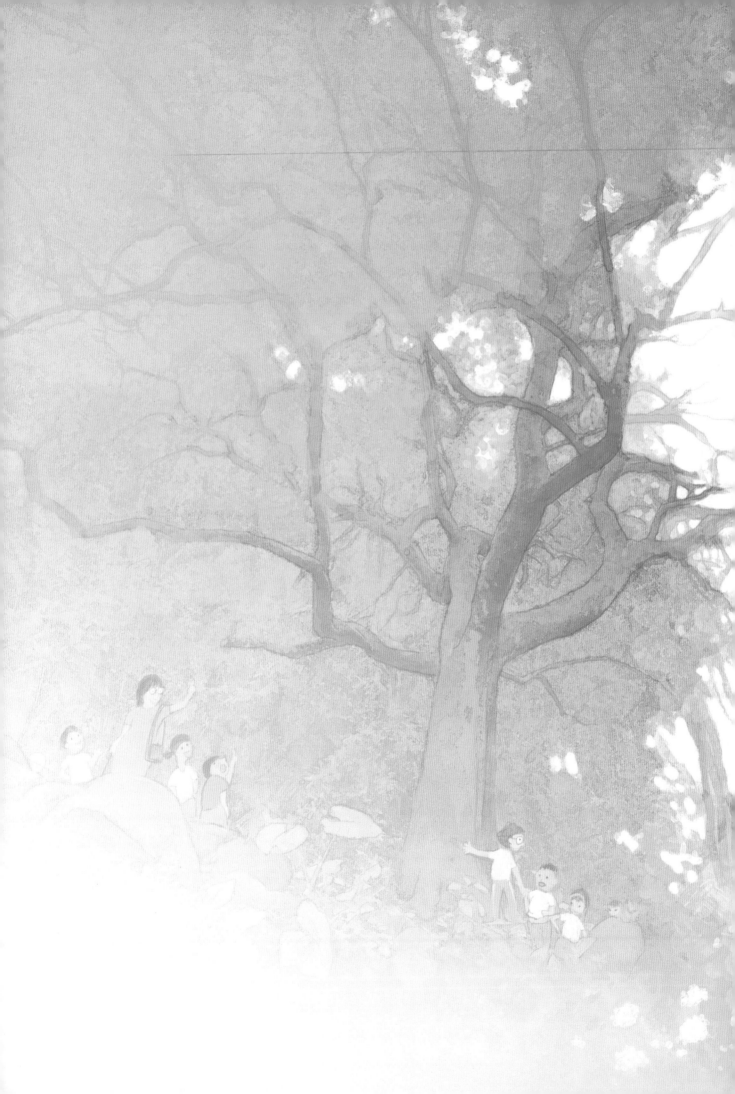

淺山林 綠探險

作　　　者	文 古碧玲　圖 孫心瑜
審　　　閱	農業部生物多樣性研究所 許再文、何東輯
主　　　編	謝翠鈺
責 任 編 輯	廖宜家
美 術 編 輯	蘇怡方
企　　　劃	陳玟利
董 事 長	趙政岷
出 版 者	時報文化出版企業股份有限公司
	108019 台北市和平西路三段二四〇號七樓
發 行 專 線	(02)23066842
讀者服務專線	0800231705　(02)23047103
讀者服務傳真	(02)23046858
郵　　　撥	19344724 時報文化出版公司
信　　　箱	10899　台北華江橋郵局第 99 信箱
時報悅讀網	http://www.readingtimes.com.tw
法 律 顧 問	理律法律事務所 陳長文律師、李念祖律師
合 作 出 版	雲林縣古坑鄉華南實驗國民小學
印　　　刷	勁達印刷有限公司
初 版 一 刷	2023 年 10 月 6 日
定　　　價	新台幣 320 元

時報文化出版公司成立於一九七五年，
並於一九九九年股票上櫃公開發行，
於二〇〇八年脫離中時集團非屬旺中，
以「尊重智慧與創意的文化事業」為信念。

淺山林 綠探險/古碧玲文 ；孫心瑜圖 . -- 初版 .
　-- 臺北市 ：時報文化出版企業股份有限公司，
2023.10
　　面 ；　公分 . -- (Mind ；86)
ISBN 978-626-374-346-5(精裝)

1.CST: 生態教育 2.CST: 環境教育 3.CST: 繪本

367　　　　　　　　　　　　112015173

ISBN 978-626-374-346-5
Printed in Taiwan

淺山林綠探險

文／古碧玲
圖／孫心瑜

學校在高高的地方，
上學時，要踩一小段上坡路。
放學時，要騎一小段下坡路。

「一、二、三、四……」

坡地上，
長滿了各種植物。
在清晨的陽光照射下，
植物上的露珠，
閃著綠光。

每次經過這個天然植物園，小棠都忍不住
東看看、西看看，摸一摸、嗅一嗅。

他喜歡滿地攀爬著鼓鼓的氣球狀果實，
那是倒地鈴。

他也會和好朋友阿海一起鑽進草叢玩
全身沾滿黑色小針，
這些小黑針牢牢黏在衣服上，拔都拔不完！

「姊姊教過我這是大花咸豐草！
怎麼黏得那麼緊呀，
難怪又叫『恰查某！』」

這片打石步道的坡地，
本來是社區老人家們小時候上學走的路，後來漸漸荒廢。
最近社區大人把這裡重新整理成漂亮的步道和公園。

小棠心想：
「太好了！以後我不騎車的時候，
可以跟阿海一起走這條路上下學了！」

戶外探險課最有趣了。

來到一株光蠟樹前面，「有好幾隻獨角仙！」
小棠興奮地叫大家來看他的發現。

青剛櫟開花了，
聽說夜行性的大赤鼯鼠最愛吃青剛櫟堅果，
孩子們好奇地找牠的巢箱在哪裡？

小棠招呼大家靠過來，
抬頭看大樹的中層：
「你們看，很多植物或小動物
喜歡住在遠離地面的地方，就
好像是住在二樓以上的居民。」

山蘇、蘭花、崖薑蕨，都是住在大樹
中層的植物——它們的根系不必長在
地表的土裡，就能活得好好的。

原來，有些鳥類、
昆蟲和爬蟲類，喜歡在大樹的中層休息，
因為可以避開地面的天敵。

走著走著，老師注意到一棵樹，
她說這棵樹叫做大葉釣樟，是原始林的樹種，
證明了這片坡地以前是古老的原始林。

大家順手採下幾片葉子，
阿海說：「我知道搓一搓，葉子就會飄出香味喔。
我爸爸都說是大香葉樹。」

「哇！好香呀！」

大家又摘了幾片土肉桂嫩葉，
放進嘴裡，越嚼越清香，
「好像天然的口香糖呵。」

路旁的邊坡和灌木披著一整
片綠葉，中間開著小白花，
像整件綠毯似的。

「這是有『林木殺手』綽號
的小花蔓澤蘭，
非常可怕的外來種植物，
只要發芽就開始蔓生，
還會爬到植物的頂端，
讓植物無法行光合作用，
最後死掉！」

阿海突然看見一隻閃閃發亮的深紫紅褐色甲蟲，後腿節特別粗，觸角好像兩條朝天的鞭子。

「這是琉璃粗腿金花蟲，別看牠那麼漂亮，牠們是吃葛藤莖，還會危害菜豆、翼豆等的外來種昆蟲，不能隨便放生的！」

戶外的淺山林，真是一座什麼都有的自然博物館！

回家的路上，
突然聽到草叢裡窸窸窣窣的聲音。

「現在才三月，應該不會是蛇吧？」

小棠踮腳走進草叢，
撥開草堆，一隻粉紅色鼻頭尖尖的、
毛色灰褐色帶一點白的小動物，
吻部有淺黃色的毛，
拖著蓬鬆的大尾巴，
緊張地兩眼骨碌碌盯著小棠。

「你是誰？」

這隻小東西好像受傷了！
小棠守著牠，
阿海跑回學校去找自然老師來幫忙。

「這是一隻食蟹獴！」
自然老師說這是被列入保育的野生動物。
她先通報了農業局，
然後又請社區的智多星——石頭阿公過來。

石頭阿公低頭觀察
有點防衛、蜷曲起來的食蟹獴，說：
「看起來牠只是受了一點小傷，應該不嚴重，
主要是受到驚嚇了。野生動物的生命力很強，
休息一下就會慢慢恢復的。」

沒想到食蟹獴恢復得可真快，
趁他們一個不注意，一溜煙就跑掉了。

「阿公，你小時候看過食蟹獴喔！」

「小時候時常看到牠們在山上的溪邊找東西吃！
後來溪水乾了，就愈來愈少看到食蟹獴呀。
這兩年環境變得比較好了，
又有福氣可以看見囉。」石頭阿公說。

近距離看到食蟹獴的消息，一早就傳遍校園。

「牠是一種哺乳類動物，喜歡棲息在溪谷，
或是中低海拔的針葉林、闊葉林、人工林。」
老師藉機跟大家介紹食蟹獴的習性，
「食蟹獴都是白天出來行動，喜歡吃
甲殼類的蝦蟹、昆蟲、蝸牛、小型脊椎動物。」

食蟹獴ㄒㄧㄝˋ ㄇㄥˊ

自然課的時候，
老師準備了一些植物的種子和
樹苗，都是上學步道沿途看得
到的植物。

她讓每人選兩種植物來種植，
希望大家都能把植物照顧好，
然後帶回家送給媽媽和爸爸，
給他們一個驚喜。

小棠幫爸爸挑了
可以結出一串串像紫葡萄小果的商陸。
他也想種有淺裂大葉、開大紅花的龍船花，
「因為媽媽穿大紅色特別好看。」

四月了，葉和花都蒙上一層粉撲撲的春光。

這一天，上百隻紫黑色的蝴蝶，
飛越學校操場，成群凌空往北飛。

「太壯觀了！」

這群紫斑蝶是
少數會跟著季節遷徙的蝴蝶。
每年牠們都會飛過社區的溪谷，
往高海拔攀升的遠處飛去，
每次看到都讓人忍不住的讚嘆。

「小棠，你猜有多少隻蝴蝶？」
似乎沒有聽到阿海的話，
小棠的心思跟著紫斑蝶飛到了遠方。

六月了，
小棠的商陸結出
串串綠色和紫黑色果實，
龍船花還沒開花動靜，
倒是花盆裡挺拔出一朵朵毛茸茸
的紫色小花，

不知從哪飄來的紫花藿香薊
竟然開花了。

愛吃的阿海種了
「隨便種隨便長」的龍葵，
他說：「回去給我媽煮小魚野菜粥。」

放暑假了！每個人笑盈盈地捧著自己
種的植物，互道再見。

「不知道接下來還會認識哪些植物？
碰到哪些動物？」小棠滿心期待。

還有，去年秋天，學校安排了食農教育課程，
社區媽媽帶全校一起採收果實，熬煮果醬，在秋陽裡，
香氣湧動著，大家好愉悅，每個人都分到一罐柑橘果醬回家。

「等不及想上『煮果醬』課了！
椪柑、柳丁，應該都快到收成的時候了……」

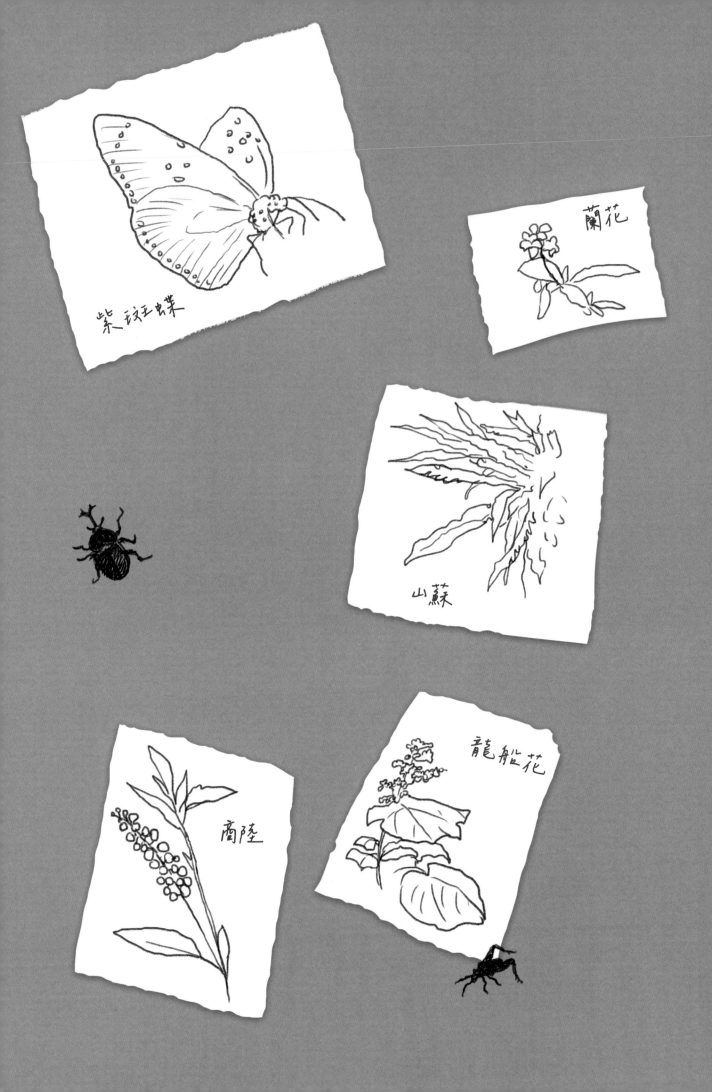

紫斑王蝶

蘭花

山蘇

商陸

龍船花